成长也是一种美好

喵在江南

徐岩 著

人民邮电出版社
北京

图书在版编目（CIP）数据

喵在江南 / 徐岩著. -- 北京 : 人民邮电出版社,
2024.8
ISBN 978-7-115-63954-7

Ⅰ. ①喵… Ⅱ. ①徐… Ⅲ. ①猫－驯养 Ⅳ.
① S829.3

中国国家版本馆 CIP 数据核字 (2024) 第 054076 号

著 徐 岩
责任编辑 黄琳佳
责任印制 周昇亮

人民邮电出版社出版发行
北京市丰台区成寿寺路 11 号
邮 编 100164
电子邮件 315@ptpress.com.cn
网 址 https://www.ptpress.com.cn
天津裕同印刷有限公司印刷

开 本 787×1092 1/32
印 张 6.25
字 数 140 千字
2024 年 8 月第 1 版
2024 年 8 月天津第 1 次印刷
定 价 69.80 元

读者服务热线：（010）67630125
印装质量热线：（010）81055316
反盗版热线：（010）81055315
广告经营许可证：京东市监广登字 20170147 号

前言

旅人向往自由，猫也向往自由，所以旅人和猫会惺惺相惜吗?

我来自遥远的北方，喜欢没事就到江南走一走。说实话，江南的天气并没有很温和，小桥流水般的闲适在我看来也只是外表，忙碌充实的日子或许是本真。

自古至今，人们在创造富庶的生活的同时，又留下了一波又一波“文明的痕迹”。从殿堂、城墙、寺院、园林、老巷，到近现代工业文明遗迹。那些至今还“健在”的老物件，都是我酷爱的（也是我镜头酷爱的）东西。

近两年里，我有至少三分之一的时间是在江南度过的。在拍摄的众多题材和照片中，我先把关于猫和关于江南的交集整理出来，跟大家见个面，它们都是我爱的。希望，也是你们爱的。

目录

江南甜猫

……在无锡

“你看它睡的，真是，它好幸福啊。”

“人要是能像它这样多好。”

“对呀，大白天的，可以不用上班。”

…………

……在无锡

它的名字叫“欢喜”，来自南京，是一只身世不明的流浪猫，之前被当地一座寺院收留。后来辗转来到无锡一家寺院的咖啡馆，成为一只“挂牌营业”的家猫。说它是家猫，也不确切，与其他家猫相比，它有更大的地盘，呼吸着自由的空气。每天和这些精美的建筑为伴，还有一份带编制的工作，叫“吉祥物”。

无锡是座含糖量很高的城市，当地的美食都是甜甜的。无锡“含猫量”也很高，好多寺院、宗祠、古街上都能看见猫。无锡猫的含糖量……也很高，这些猫总是一副甜甜的表情。

我爱猫，也爱古建筑，尤其中国传统的亭台楼阁，因此总期待能遇见猫和中式建筑同框的画面。我猜无锡的这种画面不会太少，于是便来到这里，走街串巷，成为一个“记录者”。

果然，无锡没有让我失望。范文正公祠旁，一只花猫时而仰望天空，时而低头打盹，时而又对着范文正公的照片发呆。这场景倒让我想起疑似范仲淹写的那首颇有禅意的劝世诗：

心中忿怒不如休，
何须经县又经州？
纵然费尽千般计，
赢得猫来输了牛。

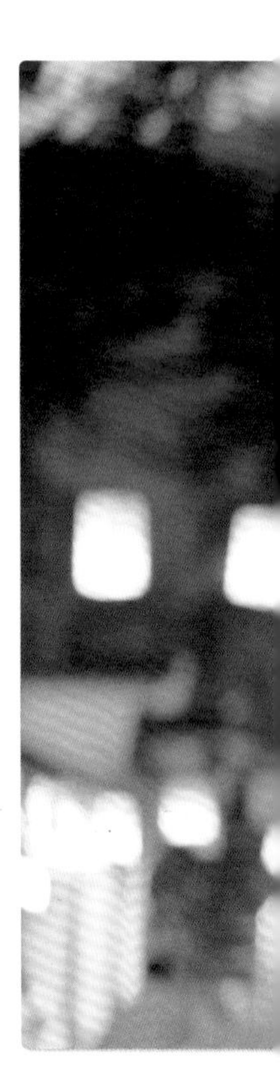

咦，如果这样看，那猫的压力岂不是很大，人在如此这般折腾之后，会不会转过头把对牛的期望都寄托在猫身上?

不经意间，我走到了这条古色古香的巷子的尽头，这里也有一座寺院，我再次遇见外表乖巧的猫。寺院里的“猫浓度”都很高吗？我好奇地翻出手机，大致搜索了一下，碎片化的信息被拼凑起来之后是这样的：在早期（南北朝时期）翻译的佛经里，提到过不许“畜猫”（饲养猫），

而那一时期也刚好是中国“养猫史”的起点，所以推断佛教起源地印度当时已经兴起大规模养猫的风气。

但即便如此，佛门对这种“不许养猫”的规定并没有真正执行，因为佛经常有被老鼠损毁的风险。后世历史书中关于僧人养猫的记载，也并不少见。

恩

从寺院出来，继续回老街上闲逛。已是傍晚时分，街上渐渐出现更多的猫。有些是散养的家猫，不过更多的是流浪猫。

看见我了吗?

錫惠勝境

江苏省文物保护单位
張中丞廟
江苏省人民政府
一九九五年四月十九日公布
无锡市人民政府立

可以确定的是，不是所有流浪猫都能像小猫“欢喜”那般幸运。有些流浪猫，走在霓虹闪耀的街角，步履谨慎，惹人怜惜。希望它们能有好的归宿，不用再为五斗米奔波，我的镜头再也捕捉不到那些可怜的画面才好。这算是一个流浪的男人对流浪猫的一点祝愿吧。

“所以，你就是想像欢喜那样，来去自由，有家，又不受家的束缚？”

“肤浅了不是？我羡慕它，是因为它的工作就是吉祥物啊，它做着喜欢做的事，猫生都升华了。”

“你怎么知道天天要你做吉祥物你不会腻？”

“嗯，倒也不用做所有人的吉祥物，做一个人的就够了。”

关于旅行的意义

……在南京

严肃认真起来的你总令人忍俊不禁，你现在的样子与身后那由一砖一瓦垒起来的城门和城墙，倒是更般配。

“青灰色的城墙，总会让我想起读过的一些历史书，书上那些文字时常让人觉得有些冰冷。或许是因为这一刻有阳光照射下来，并且有你们在身边，当我再去看那不远处的城墙时，竟感到一丝温暖。”

南京有着厚重而丰富的历史文化底蕴。上千年历史的古迹与现代化都市交织在一起，相得益彰。

南京的地理位置特殊，位居江南，却像北方城市一样四季分明,因而它的“性格”也略显刚烈。

南京的猫很多，每当我驻足在殿堂、帝王陵墓，或近现代工业文明遗迹前，抑或烟火气浓郁的老街上，总会有猫闯进我的视线。

我喜欢被猫带领着游览这座古城，我镜头里的南京，不仅是一座多元化的城市，也是一座“多猫”的城市。

“嘿，猫！你身后的每一块砖石上都刻着象征时间的印记，这些早已不再年轻的坚硬物体，承载着几百年的城市变迁史，最终与你我相见。”

遥想过去，长江还没架起桥梁，火车要靠那些冰冷的铁架运到轮渡上过江。如今，那些铁架早就退休了。至于你，小可爱，当你老去的时候，要是能像南京的老街上那群散养的猫一般逍遥，倒也不枉此猫生。

有些无聊

它在?
它在?

Hi
Hi

咪喵猫咪咪喵
喵喵猫咪……

它们在干嘛?

! !

猫很多变，它们的性格时而温柔，时而冷酷。当它们朝我“微笑”时，留给下一秒的，多半是未知。

不管怎样，我都更喜欢冬天的南京。冬天是个惊喜不断的季节，南京冬天的惊喜之一，便是梅花开满山。梅花被当作南京的市花，也只是四十多年前才开始的事情，但梅花始终是这座城市的一大亮点。

很幸运，我的江南旅程在冬天开始，我遇见了梅花绽放的南京，遇见了梅花季的猫。

你是谁?

这些，就是我镜头里被猫簇拥着的南京。回忆旅程开始的那一刻，我已记不清当时的心情。但那一刻的我，怎么都不会想到，猫会成为我旅行里如此重要的角色。

江南之行，我和猫的缘分始于南京。我的第一站是南京钟山风景区，旅行目的地相当明确：紫霞湖西南水塔，一座建筑风格传统的水塔。是的，水塔，你没有看错，它比旁边闻名遐迩的明孝陵、梅花山、石象路都更吸引我。我有一个特别的爱好——搜集古老的工业文明痕迹。

当我离目的地越来越近时，一只黄白相间的猫挡住我的去路。它在我面前打滚，拽住我的裤脚，在我坐下来时，它迅速跳到我的腿上，蜷缩在我的怀里，神态慵懒。

那一秒钟，我看着它的眼神，仿佛听见一位老朋友在轻轻地说："留下来吧，干嘛那么着急赶路？不到终点就没有理由看风景了吗？"

后来，我真的就留了下来，一直陪在它身旁，直到天黑，黑到再没有灿烂的光线让我拍摄前方那座水塔。但我没有丝毫遗憾，反而被满满的松弛感包围。因为那一刻，我终于可以回答自己在出发前考虑许久的问题：旅行的意义是什么？答案就是："没意义才是旅行最大的意义。"

北山[①]

宋·王安石

北山输绿涨横陂，

直堑回塘滟滟时。

细数落花因坐久，

缓寻芳草得归迟。

或许，真如王安石诗词里所说，“缓”才是正确探索钟山的方式？

① 北山，即南京钟山。

猫漫金山

……在镇江

人类生命的诞生往往象征着爱情的结晶。那你们呢?

金山晚眺

宋·秦观

西津江口月初弦，
水气昏昏上接天。
清渚白沙茫不辨，
只应灯火是渔船。

无论你们的到来是否与爱情有关，你们脚下的这座金山都被人类传说镀上了一层爱的光环。

曾经的金山，是一座小岛；曾经的西津渡，刚好在岸边。站在金山上，人们可以望见一轮初月从东方升起，挂在目之所及的西津渡口，宋代秦观的诗句这样描写道。

我打算沿着诗中提及的地点，从西津渡漫步到金山，感受这座长江南岸的小城里历史的余温。

不过，时光荏苒，沧海变桑田。今天的西津渡早已远离了江畔，变成几条烟火升腾的老街；金山也不再是江中小岛，而是和陆地连成一片。

我想即便用圆规，我也很难画出如这张脸一般标准的圆形。

刚好在我徒步的起点，西津渡的某处小山坡边，一只圆滚滚、毛茸茸的物体映入眼帘，它若有所思地看着我。没顾得上和它说再见，我便径直走向目的地：金山。

藏經樓

“远望金山，只见寺庙不见山”，这座始建于东晋的寺庙，规模大到覆盖了整个一座山。十几个世纪过去，和这里有关的诗词名句不绝于耳。但寺庙最初的修建者可能永远不会想到，到了 20 世纪末 21 世纪初，一则和爱情有关的神话故事，让寺庙名声大涨。白素贞和许仙的爱情故事，在影视剧演员的演绎下，深深刻入一代人的童年记忆，以至于如今的寺庙门前修建了一座同样壮观的爱情主题公园。

我第一次来到镇江的金山，是一个初春。当时游客很少，整座寺庙十分静谧。在殿堂下某个显眼的位置，一只“大肚子”的橘猫成功吸引了我的视线。

它不躲避我，从它的目光中，我看出它不讨厌我，但也不会讨好我。我把镜头对准它的时候，它的神态并没有改变，只把我视为一团空气。我很欣慰，这让我觉得我没有打扰到它。

当它在我面前不远处晒着阳光，几秒便无忧无虑地入睡时，我开始怀疑我和它——两种截然不同的生物，究竟谁更幸福。

那时在金山，我的镜头除了追随这只橘猫几十分钟，还捕捉到了另一只狸花猫的背影。狸花猫略显羞怯和孤傲，一直没有用正脸面对我。同一空间下的两只小猫，会发生怎样的故事？由于时间安排，我没来得及捕捉它们之间的故事。

乖，要听话！

转年夏天，到了旅游旺季，前来金山寺参观的游客络绎不绝。当我再一次途径这里的时候，我没有遇见曾经遇到的橘猫和狸花猫。反倒在亭台楼阁间，见到了成群结队的猫，一些长得像那只橘猫，另一些则像那只狸花猫。

“传说每只猫的前世……后来因为……再后来啊……”一年半以前，金山寺的导游正和游客介绍寺庙里的猫，但当时的我并没有听清具体内容。在人类的精神世界中，猫曾被赋予百种象征，在现实世界，金山寺里的这群小猫也一定有它们存在的道理吧。而且，不止在金山寺，在我的江南之旅拍摄作品中，总有猫与寺庙同框的画面，这又是为什么呢?

你从哪里来，我的朋友?
要你管?

猫就是猫

……在苏州

“姑苏城外寒山寺，夜半钟声到客船。”

不，是夜半的猫声啊！姑苏城外真的有好多猫。第一次来苏州，夜晚，窗外依稀传来如评弹一般温婉的猫声，这便是这座城给我的第一印象。

不过，我每次来这里都步履匆匆，来不及跟遇见我镜头的每一只猫打招呼，更没有时间与它们说再见。这一次亦是如此。

在我写下上一张照片的标题《Cosplay》（模仿）后，我又狠狠地划掉了它。

原本是人类借用了它的“同族兄弟”狮子的形象，做成护宅瑞兽，猫自己怎么会模仿?

“猫就是猫，简简单单的猫。”我再次提醒自己。

在文明尚未诞生之时，若让人类和猫科动物决斗，谁赢谁输还真不好说。

可能，猫也进化出了“文明”，会使用火，会加工石器、冶炼金属，形成自己的艺术和审美。

我想，在猫的社会中，有富猫和穷猫，富猫会在温暖湿润的猫城为自己的家族修建山水环绕的园林。与此同时，猫的社会出现了货币、金融，有了科技、工业，直到后来出现 AI；曾经那些奢华的园林几经易主，在几百年后，变成热爱旅行的猫们参观游览的胜地，偶尔那些“旅猫”还会抱怨节假日里的“猫山猫海”打破了园林应有的宁静……

那么，在今天的平行世界里，会不会有一只傻猫正在电脑前写着一部游记，叫《人在江南》？

“喂，好像又扯远了！”我就此打住自己的思绪，毕竟这一次在苏州的时间只有短短几十小时，和之前几次一样。时钟嘀嘀嗒嗒，镜头还是别去承载太多我个人的纷繁思绪比较好。

猫呢，就是猫。我只需要直白地告诉镜头，我喜欢猫。并且，喜欢是不需要理由的。

在前一篇里，我特意翻阅史书，查找文献，搜寻猫在人类文明史上的价值，那似乎只是在为我的喜欢找理由。

“既然喜欢，去平实地记录就好了。”我说给镜头，也说给我自己。

所以，我会告诉我的镜头：在 21 世纪 20 年代初，这座城市里有很多叫作猫的生物，它们有着儒雅的外表和慵懒的姿态，有时也露出爪牙。

在古街上，有一些散养的家猫，在恶劣天气里，它们会被主人召唤回家，享受空调。在老旧的小区里，依稀能看见流浪猫，有人喜欢或者

可怜它们，也有人不喜欢甚至嫌弃它们。在园林或者寺庙里，有被收养的流浪猫，也有专门负责驱赶“问题动物”的义工。偶尔，这些猫的倩影被发布到互联网上，成了吸引游客的一大看点。会有人从很远的地方赶来，只为和猫度过一个惬意的午后，却忽略了探究这座城市本身。

希望你途经的每个角落都是安全、踏实的。

你我的相遇是轻轻的，轻到没有打扰到对方一点点的时光，我们各自在原本的路途上继续前行。

这座城，这些猫，大抵就是这个样子。留在镜头画面里的猫，并不都是萌宠，也没法像名猫图鉴中的照片一样，呈现它们最好的一面。也许利用食物和玩具，猫可以更加上镜，但我始终没有那么做。猫就是猫，平平常常的猫，这样就很好。

“觉得苏州怎么样？”在我离开苏州前，他问到。

“苏州嘛，感觉有种温情是苏州特有的。那里的公交车在播报站名时还会用苏州话，吴侬软语，听得我心都要化掉了。”

“温情？我们本地人有时觉得那个报站声会有一点做作。”

“为什么？”

“你平时会用播音腔跟朋友讲话吗？”

灯塔下的猫

……在温州

嘿，猫，我是应该感谢你呢，还是应该感谢你呢，还是应该感谢你呢？

和温州这座城市的缘分，始于一枚邮票。

虽然平日在看到比较喜欢的邮票票面时，我会收藏起来，但我从不痴迷于集邮，更不考虑这枚邮票有没有被“业界认可”的收藏价值。只要觉得合眼缘，无论邮票是不是被用过了、弄脏了、弄破了，我都不在乎。那轻薄的小纸片背后，是一些厚重的东西。

那是一套二十多年前发行的关于灯塔的邮票。提起灯塔，我的第一印象常是苍茫的天空，蔚蓝的大海，海中有一个孤单的、雪白的柱状物体，下面有扇古旧的大门，在门“嘎吱”一声打开之后，会涌出很多童话一般的历史故事，这些故事带有西方

浪漫主义色彩。而在这套邮票里，有一张格外吸引我：画面上的两座塔式建筑是彻头彻尾的中式风格。画面边缘除了“江心屿双塔”五个字，没有任何介绍。

但这就足够了，我顺着这五个字，找到了它所在的城市——温州，然后坐上高铁直奔它而去，我除了想近距离感受一下这对古老的灯塔，再没有其他目的。

极其便利的公共交通，搭载着一个好奇心满满的男人，来到瓯江江心这座小岛。登上岛，迎接游人们的是一块巨石，上面书写着“孤屿”两个字，向左、向右看，分别是西塔和东塔。果真如邮票上那般，西塔塔身和塔顶都很完整；东塔的“帽子、围脖”都不见了，树木从塔顶长出，远远望去如（一个人）卷曲的头发。

我的思绪飘到遥远的过去，塔内微亮的灯火，照着瓯江上来往的渔船和货船，那场景别有一番诗情画意。

“嘿，打住！温州周围都是山，古时候物产并没有很丰裕，外出谋生计是辛苦的，哪有这么多闲情雅致？”我及时叫醒自己，把一些多余的情绪收住。

其实，在西边拍东塔，在东边拍西塔，都比直接在塔下拍摄更有意境。而塔下，相比于用镜头来记录，更适合去亲身感受。

在零星小雨中，我在东塔旁慢慢走着，走到一座古老的欧式建筑前，那是英国领事馆旧址。领事馆里凝结着这座城市近现代的一部分错综复杂的历史。甚至，为什么东塔的“帽子”被摘掉了，在领事馆里也能找到答案：东塔离领事馆太近，当年馆内英国人嫌野鸟太吵，塔周常有鸟粪飘落，同时担心塔内楼梯盘旋而上，游人登临该塔可俯瞰到领事馆内状况，遂命人拆除塔内外飞檐回廊。东塔随之变成无顶的空心塔。

按照预设，我的温州之旅也该结束了，我只想看看邮票上的两座灯塔，如今心愿达成，我的温州之旅可谓没有遗憾了。

但是，从东塔下来的时候，在那块写着“孤屿”两个大字的石头下，我发现一只猫，两只猫，三只猫……还有更多的猫，微笑的猫，跳动的猫，天真的猫。

很快，我手里的镜头被它们所吸引。我被这些可爱的生物拽到宋井、来雪亭、文天祥祠、浩然楼……对了，英国领事馆旧址，也是一只猫带我去的。

来雪亭，为纪念南宋名臣文天祥而建，于 1964 年重建

我在摄影这件事上投入了太多时间，原本只是为了近距离感受一下灯塔就踏上返程的我，变得心猿意马。我决定择日重游这座孤岛甚至整座城市。

夜幕下的东塔和英国领事馆旧址

幸好有了重游的计划，在来时的路上，我发现温州这座城市有很多东西向我的镜头伸出橄榄枝。小岛也只是这座城的一个小小的缩影，她和这座城在历史上都有过很多高光时刻。这些都在空间上留下了痕迹，被折叠在一张小小的照片上之后，形成类似“赛博朋克”[①]的风格。

---

① 赛博朋克，是“控制论”与“朋克”的合成词。字面意思，就是对“高度机械文明”的反思。该背景大多描绘在未来，低端生活与高等科技相结合，人们拥有先进的科学技术，社会结构在一定程度上崩坏。之后，这一词从文学向电影、游戏等媒介延伸，催生了赛博朋克文化。同时，它还演变为一种视觉美学风格，被运用到日常生活的众多领域中。——编者注

时空“堆叠”的老城

20183

老城里警惕的流浪猫和悠闲的家猫

老城古老却多彩，希望猫的世界也是

至于那座全是猫的“可爱孤岛”，对这一大家子猫来说，算是安全的地方。曾经的硝烟、战火、恐惧、不安，都早已经被时光封存进那些青石砖里。

然而对我来说，在这里走的路越多，想要的也就越多，遗憾当然也越多，我最大的遗憾就是没拍到猫和灯塔的合影。只拍到一张它们同框的照片，而塔只是个无比模糊的背景。

不过，这刚好也在证明，猫带我发现了这里的精彩，但其中并不包括灯塔，灯塔是我自己找到的。有些事情嘛，固然有九十九分靠运气，但还是有一分……

嗯，其实还是靠运气。

看着波涛汹涌的瓯江，嘿，猫，此刻蹲坐着的你，在想些什么?

像今天的瓯江一样，热烈而生动地生活吧。

理想是……？

……在绍兴

唔……

关于理想，首先是有永远都不担心会被吃完的粮。

有间或大或小的房。

无论被宠爱长大，被散养，还是生来流浪，

总有可以感到安全的地方。

走到哪里，都不会被嫌弃。

不，嫌弃是他人的自由，但我不会感到很受伤。

上新屋
上新居

有可以玩耍的玩具，有不算吵闹的街巷。

有干净的沙子，有青绿色的草，和煦的光。

冬天没那么漫长，夏天有乘凉的地方。

山谷里吹来的风，不会把我的毛发弄脏。

未求独霸一方，

但也有专属的玩伴。

嘿！猫，你的快乐真简单。但最要紧的，这个地方得……

你的快乐
还挺简单

街，猫

……在上海

“你看，车辆穿梭，远处霓虹闪烁，这多像我们的梦……”

从绍兴诸暨开车回来的路上，我一直在想象街猫的理想生活是什么样的，音乐播放器突然自动关联播放起这首歌。

山间的猫自由奔跑着，人们的生活也慢悠悠的。没有谁会在意一只小小的、毛茸茸的猫会抢占人的生活空间。那毕竟是县城下的镇，镇下的村，还是富庶的、生活如田园诗一般的村。但是距离它没多远的，是几个千万级人口的国际化大都市。都市里，个体的生活更加简单，不过当千万份“简单”相加，就会出现一些锐利、相互缠绕的东西。

回想起几个月前在上海，也有好多街猫进入我的镜头。有的被收留在寺庙里，每天伴着敲钟声醒来；有的栖息在公园里，在樱花树下打盹，或者呆呆地望着行色匆匆的人们；也有的在街上孤单地眺望或乞食。

hi，饿了吗
！！

尤其在那个忙碌又喧嚣的傍晚，我被下班的人们拥挤着，进入又离开车厢，然后匆忙走过短暂亮着绿灯的斑马线，这时，我看见街角的草坪里一只猫正若有所思，我那焦虑而又被拉紧的心弦好像突然松开了一秒钟。

在拥挤的城市里，那不断繁衍生息、队伍日渐壮大的街猫一族，该何去何从……我突然又开始杞人忧天——在手机收到一条“因驶入限行路段，扣 3 分，罚款 200 元”的短信之后。

或许会出现高度完善并且更加科学的收容制度?

不过，即使收容所不停地收容，它也总有被占满的时候。在很多具有完善收容制度的地区，收容所里长时间未被领养的动物就要被“合理合法”地处死。

好在有民间组织会给流浪动物做免疫和绝育，并在它们的耳尖做好标记，今后它们便不会再繁殖，与人类和谐相处。

人性善良的光芒总是暖的。

几个月后，我翻看在上海拍到的照片，发现的确有耳朵被标记的猫，看来善良总会先行一步。

水乡夏日

……在嘉兴

水乡，夏日，猫，活着的古镇。

怎么说得有点恐怖呢?

古镇还分活着的和死去的?

……在嘉兴

按照生物学的说法，活着的，是每时每刻都在和外界进行物质和能量交换的。古镇呢，也是没被严严实实包裹起来的才好。

活着的古镇肯定也有自己的精神世界，往俗一点说，就叫地域灵魂吧。镇上的居民，每天过着最平常的、不被打扰的生活，这就是古镇的灵魂了。

这些灵魂未必都热烈奔放，它们可以很安静，甚至压抑或者萧条，但无论哪一种，都是真实的。

古镇上时常有新开的店，也有正在倒闭的店；有新来的人，也有远行的人；有新的项目出现，也有旧的项目停工。既然活着，生活就不会一成不变。古镇陪世界一起不快不慢地往前走着，不刻意“怀”早已消失的“旧”，也不刻意“超”没有必要的“前”，它很鲜活。

没有被统一地修饰，一切都随时间的变化而自然生长。没有满街的网红食物稀释原本烟火的味道；没有量产的手工艺品抢夺巷子里匠人的生意。这就是我寻觅的活着的古镇。没错，活着的古镇即便再萧瑟，也比被剥夺生命后的古镇壮美。

在嘉兴那个炎热的夏天，我找到了一些我爱的“陈旧”感，是那种不被打扰的、鲜活的陈旧。这一组照片，又是“偷拍之作”。也正是因为不想打扰到正在生活的人，正在生活的猫，还有正在生活的街边的野花、树木、杂草、流水，以及河道里的船只和淤泥，所以我隐去了照片拍摄的具体地点信息。也可以说，照片里是一个叫水乡的地方。

我们还会相见吧

……在杭州

江南之旅，我在杭州停留的时间最久。我是如此眷恋这座城，只因我在这里有过一段令人遗憾的故事，遗憾到夜不能寐……

在乍暖还寒的一天，我和她沿着提前好久规划好的路线，用脚步丈量这座城市。感受来自遥远过去的光芒投射在今天的土地上留下的影子。我们走过拱宸桥、大运河、五柳巷、宝石山，再沿着湖滨走到吴山。一些曾经的辉煌之景或是在战火中化作灰烬，或是被时间腐蚀到物是人非，但那些曾真实发生的故事，一直在这座城市里涌动着。

一路上，除了记录一些街景，我们偶尔也互拍照片。不过，她对我给她拍摄的照片有几分不满意。

“我希望我的照片在你那里永久消失，因为，它们实在是太丑了……”

“那我一定得留好了，说不定哪天你就成大家了。”

“那我也得祈祷这几张照片先消失，再成大家。”

到了布满历史遗迹的吴山，天色将晚。走在梅花飘零的山路上，她突然怔住了，神色恐慌，不发一言。我沿着她的目光看过去，不远处一只小猫正叼着一条蛇，企图吃掉它，旁边另一只小猫是它的搭档，正帮它按住蛇……我向她比了一个“嘘”的表情，然后拿起相机，悄悄记录了这个场景。这将是一组弥足珍贵的照片，看着相机的屏幕，我想道。

当我再一抬头，发现另一只体型格外硕大的猫冲着这两只小猫吼了一声，小猫丢掉蛇飞奔进山林，大猫也随之追了过去，几只猫转眼就消失在暮色中。

后来，暗夜降临，我和她准备下山。山路上，我们几乎同时被一个东西吓得跳了起来，那正是被小猫们抛下的死蛇。好在我们都还有勇气去凑近观察它。

“不是蛇，这是河鳗！”她说。

“对啊，可是哪里来的河鳗呢？”

“一定是小猫饿了，偷走了市场上的河鳗，然后跑到了山里。”

“那猫吃河鳗的场景也很难得了，幸好我都拍下来了。”

那一天劳累的徒步旅行，因略带惊险而惊艳。后来，带着对杭州的不舍，我们和这座城市分别，也彼此分别。而一个月以后，遗憾的故事才正式开始……

“嘿，如你所愿，那天的那个文件夹彻底消失了。”我给千里之外的她发了条消息。

“什么文件夹？”

“那天你不是在祈祷你的丑照彻底消失么？那天拍摄的照片的文件夹，神秘消失了。”

“怎么会这样？”

“真的诡异，只有那一天的文件都没了，其他的都在。一定是你祈祷的结果。”

照片丢失，尤其是一整个文件夹都丢失这样的事情，对所有摄影师来说，都是个梦魇。

“我的祈祷真那么有用就好了”，她又说，“我记得你还拍了小猫吃河鳗的照片，哎呀，你都没有让我看到。真是太可惜了。”

“是啊，难道猫也不希望照片留在我手里？”

“那肯定。这照片如果发出去了，丢鳗鱼的人就会知道是哪只猫偷的了。”

“所以，是猫的祈祷让这组照片彻底消失的。”

“对，说明你跟那些照片没缘分。就像你跟……”

“嗯……”

“不对，说明你跟杭州太有缘分了，她想你，想让你回去再拍拍她。”

我可以接受很多遗憾甚至是缺憾，但这个遗憾是我不能够接受的。一刻也等不及了，我必须立刻赶往杭州，去走那条曾经走过的路。我依然是以拱宸桥作为起点，把这一路曾经遇见的东西重新补拍回来，不止是丢失的那组照片。

大概是受道了幸运之神的眷顾，从拱宸桥开始，一路上就有各种可爱的风景缠着我的镜头。我记得那天午前，刚走到桥边一座道院门口，我就窥见院内一个外表不胜威武的大胡子道士，从怀里掏出几只不大的小猫放在地上，小猫们瞬间开始互相玩耍起来。这一反差度极高的画面，像极了动画片里的场景。我慢慢沿着曾经走过的路线继续前行。

我只记得那条路，忘记再去寻找什么景点了。但是，曾经一天走完的路程，这次竟让我走了几个月。

不止起初走过的那些地方，连同不远处那些山山水水，我通通没有放过。幸运的是，一次遗憾换来的执着，让更多的欣喜瞬间被镜头捕获。虽然，我再没遇见猫吃河鳗的场景。

我们还会相见吧

……在杭州

渐渐地，我忘了目的地。每一次光影的定格，也不再回避熙熙攘攘的人群，门前三三两两停驻的车辆，还有天际线上和画风不太搭调的东西。因为这座城市每刻都在拥抱变化，若我带着想象的固有画面去拍照，就会有点违和。

最后一次离开杭州前，我又去了吴山，但依旧没有遇见曾经的景象。不过，我遇见另一只猫，它正把一只小蜥蜴当作玩具，和它玩耍。不，看样子小蜥蜴凶多吉少。这一次，也是唯一一次，我打扰了猫，于是猫放跑了小蜥蜴。

那就先到这儿吧，可爱的猫，至于你的玩具……“时空是个圆圈，直行或是转弯，你们终会相见”，还有我和你，和这里，终究，我们还是会相见。